Sandra Sommer, Julia Eckert

Bildergeschichten für den Mathe-Anfangsunterricht

Einfache Arbeitsmaterialien für Schüler mit sonderpädagogischem Förderbedarf

Die Autorinnen

Sandra Sommer ist als Lehrerin und Konrektorin an einer Förderschule tätig. Außerdem verfügt sie über langjährige Berufserfahrung an einer Grundschule und ist Autorin zahlreicher Veröffentlichungen.

Julia Eckert verfügt über vielfältige Unterrichtserfahrungen an Förder- und Grundschulen. Aktuell ist sie als Lehrerin an einer Mittelstufenschule tätig.

Gedruckt auf umweltbewusst gefertigtem, chlorfrei gebleichtem und alterungsbeständigem Papier.

1. Auflage 2017

Grafik: Manuela Ostadal (incl. Covergrafik), Julia Flasche (Piktogramme schneiden, Auge, kleben, Lupe, malen, Zahlen schreiben, Partnerarbeit, ankreuzen, Strich zeichnen)
Satz: Satzpunkt Ursula Ewert GmbH, Bayreuth

ISBN: 978-3-403-20091-8

www.persen.de

Inhaltsverzeichnis

1 Einleitung

Bildergeschichten sind nicht nur im Deutschunterricht ein wichtiges Instrument, um Sprech- und Schreibanlässe zu schaffen. Auch im Mathematikunterricht sind sie als *Rechengeschichten* ein vielfältig einsetzbares Mittel. Spielerisch können verschiedene Rechenaufgaben entwickelt und gelöst werden. Dabei sind Rechengeschichten nicht nur besonders motivierend und ansprechend für die Schüler, sondern auch offener und leichter zu verstehen als schriftliche Textaufgaben. So können Rechengeschichten bereits im Anfangsunterricht eingesetzt werden und nehmen den Schülern von Beginn an die Angst vor Sachaufgaben. Die Schüler werden zur Kommunikation angeregt, ein Austausch über Lösungswege kann ebenso zum Stundeninhalt werden wie Mutmaßungen über das Ende einer Geschichte.

Durch ihre Offenheit können Rechengeschichten zu einer Individualisierung des Mathematikunterrichtes beitragen, da die Schüler eigenständig Aufgaben entwickeln und lösen können. Gleichzeitig geben Rechengeschichten einen Rahmen vor, sodass die Schüler nicht überfordert werden, sondern gezielte Stimuli erhalten, die als Hilfestellung dienen können.

Auch in einem integrativen, fächerübergreifenden Unterricht sind Rechengeschichten ein vielseitig einsetzbares Mittel, sodass diese beispielweise sowohl im Mathematik- als auch im Deutschunterricht parallel eingesetzt werden können. Ausgehend von den Beobachtungen und Erzählungen der Schüler zu den einzelnen Rechengeschichten, könnten folglich nicht nur Rechenaufgaben, sondern auch entsprechende Schreibaufträge entwickelt werden. Dies ermöglicht die Förderung und Forderung zahlreicher (fachlicher und überfachlicher) Kompetenzen.

Insbesondere das Wimmelbild eröffnet zahlreiche Möglichkeiten, Fächer miteinander zu verbinden. Genaues Hinsehen ist hier genauso gefragt wie das Einordnen verschiedener Situationen. Im Deutschunterricht können diese als Sprechanlässe genutzt und Mutmaßungen über den Fortgang einiger Situationen angestellt werden. Aber auch die anderen Rechengeschichten laden zum Erzählen, Überlegen und Mutmaßen ein.

In dem vorliegenden Band finden Sie fünf Rechengeschichten (Schwerpunkte: Addition, Subtraktion, Rechnen mit Geld, Geometrie, Mengen) sowie ein Wimmelbild (Schwerpunkt: Pränumerik) in verschiedenen Anforderungsbereichen. Unterschieden wird hierbei zwischen den Zahlenräumen 5, 10 und 20. Ergänzt werden die Rechengeschichten und das Wimmelbild durch didaktisch-methodische Hinweise und Erläuterungen für den Einsatz im Unterricht. Die dazugehörigen Arbeitsblätter können differenzierend im Unterricht eingesetzt werden, je nach Leistungsvermögen der jeweiligen Lerngruppe.

2 Hinweise zum Wimmelbild „Pränumerik"

Auf den folgenden Seiten finden Sie ein Wimmelbild mit verschiedenen Arbeitsaufträgen. Das Wimmelbild wurde so gestaltet, dass Sie hiermit die Kategorien „rechts/links", „über/unter", „kleiner/größer" und „neben" thematisieren und erarbeiten können. Weiterführend können zudem Additions- und Subtraktionsaufgaben ergänzt werden.

Da das Lösen der Arbeitsaufträge ein genaues Betrachten des Wimmelbildes voraussetzt, bietet es sich an, dieses in entsprechender Klassenstärke zu kopieren und zu laminieren. Gerade laminierte Wimmelbilder haben dabei den Vorteil, dass die Schüler immer wieder Dinge einkreisen, ankreuzen etc. können. Alternativ kann das Wimmelbild auch mithilfe eines Overhead-Projektors präsentiert werden, sodass gemeinsam daran gearbeitet werden kann.

Die Kopiervorlagen 1–3 beziehen sich zunächst auf die Kategorien „rechts" und „links". In einem ersten Arbeitsauftrag sollen zunächst verschiedene Gegenstände, Personen etc. ausgeschnitten und den jeweiligen Seiten des Wimmelbildes (rechts/links) zugeordnet werden. Anschließend sollen die Gegenstände in die entsprechende Spalte einer Tabelle eingeklebt werden. Alternativ können die Gegenstände auch gemeinsam auf einer Folie gesucht und eingekreist werden. Unterstützend wird hierbei mit Pfeilen (Symbolen) gearbeitet. Es bietet sich an, diese zuvor zu besprechen und ggf. im Klassenraum aufzuhängen. Im folgenden Arbeitsauftrag sollen erneut Gegenstände von den beiden Seiten des Wimmelbildes gesucht und ein entsprechender Pfeil (rechts/links) ausgemalt werden. Der letzte Arbeitsauftrag verbindet das Abzählen einzelner Gegenstände aus dem Wimmelbild mit der Unterscheidung zwischen rechts und links. Die Schüler sollen die Gegenstände abzählen und die entsprechende Anzahl in einem Kästchen eintragen. Hierbei wird u. a. die genaue Wahrnehmung der Schüler trainiert. Es bietet sich an, dass die Schüler mit einem Partner arbeiten und bspw. jeweils eine Seite (rechts/links) bearbeiten. Anschließend könne sie ihre Lösungen entsprechend austauschen und gegenseitig überprüfen.

Die Kopiervorlagen 4–7 stellen die Unterscheidung zwischen „größer" und „kleiner" sowie das Herstellen von entsprechenden Reihenfolgen in den Mittelpunkt. Auf der ersten Kopiervorlage sind entsprechende Gegenstände aus dem Wimmelbild abgebildet. Diese sollen nun in größerer Variante auf dem Wimmelbild gefunden und einem Partner gezeigt werden. Alternativ können die Schüler die zu suchenden Gegenstände auf ihren Wimmelbildern einkreisen. Im folgenden Arbeitsauftrag müssen jeweils fünf Gegenstände identifiziert werden, die kleiner bzw. größer als der abgebildete Gegenstand sind. Diese sollen dann entsprechend eingezeichnet (gemalt) werden. Auch hier bietet es sich an, dass die Schüler mit einem Partner arbeiten, da es viele verschiedene Lösungen gibt. So können die Partner anschließend versuchen, die jeweils unterschiedlichen Gegenstände zu finden und ihre Liste entsprechend erweitern. Der letzte Arbeitsauftrag fokussiert schließlich das Herstellen einer Reihenfolge (klein –> groß). Hierfür wurden unterschiedliche Bildausschnitte abgebildet, die zunächst ausgeschnitten und im Wimmelbild gefunden werden müssen. Nur durch das Identifizieren im Wimmelbild kann die tatsächliche Größe bzw. das Größenverhältnis erschlossen werden. Die Schüler sollen die Gegenstände schließlich nach der Größe ordnen und entsprechend aufkleben.

Name: ______________________ Datum: ____________

Name: ______________________ Datum: ____________

Schneide aus.

Bearbeite die Aufgabe auf der nächsten Seite.

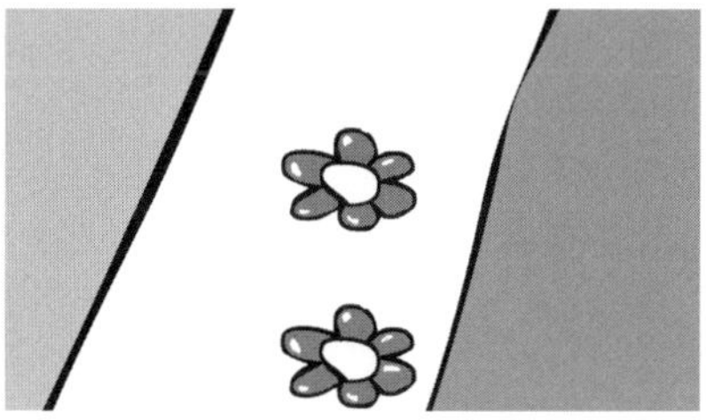

Name: ______________________ Datum: ______________

Was siehst du rechts und was siehst du links vom Fluss?

Klebe auf.

Links	**Rechts**

Name: ____________________ Datum: ____________

Rechts oder links vom Fluss?

 Suche im Bild.

 Male den richtigen Pfeil aus.

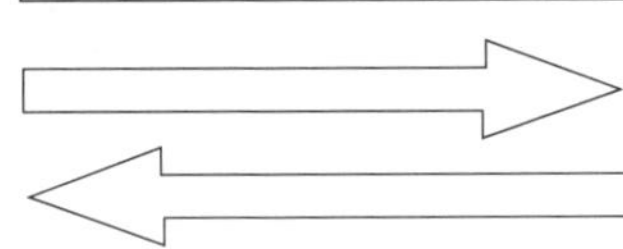

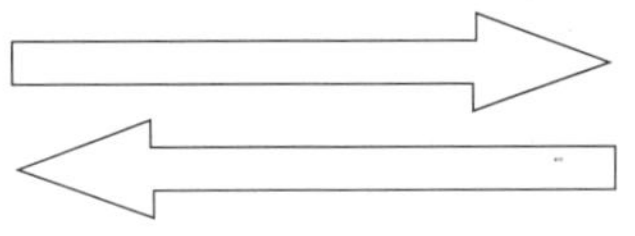

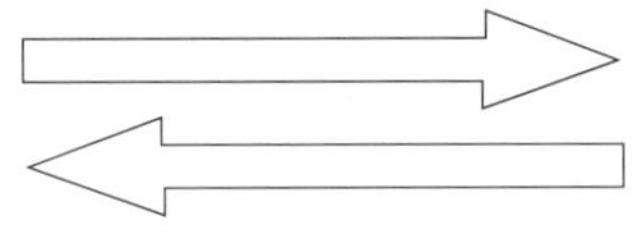

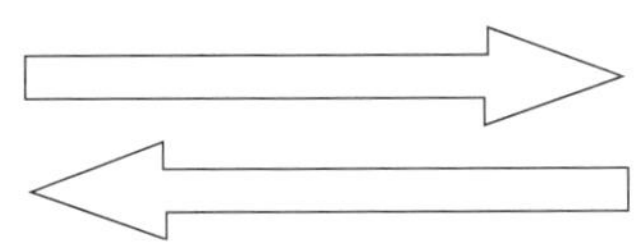

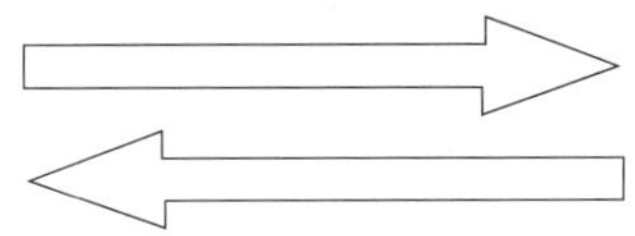

Name: ______________________ Datum: __________

Rechts oder links vom Fluss?

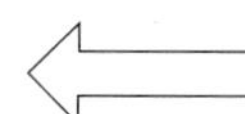

 Zähle und trage ein.

 Auf der rechten Seite sehe ich ...

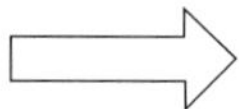

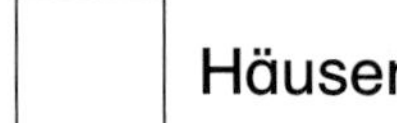

☐ Häuser 

☐ Auto 

☐ Bälle 

☐ Hunde 

☐ Kinder 

☐ Flugzeug 

 Auf der linken Seite sehe ich ...

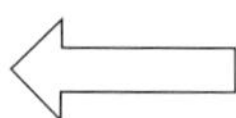

☐ Häuser 

☐ Luftballons 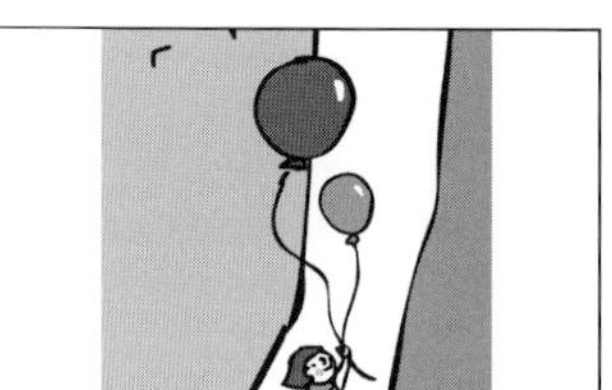

☐ Bälle 

☐ Hund 

☐ Fahrräder 

☐ Stopp-schild 

Name: ____________________ Datum: ____________

 Finde den gleichen Gegenstand.

Er muss größer  sein.

 Zeige ihn deinem Partner.

Name: ____________________ Datum: __________

Welche Dinge aus dem Bild sind kleiner als das Haus?

kleiner

größer

Male 5 Dinge in die Kästchen.

Welche Dinge aus dem Bild sind größer als der Ball?

Male 5 Dinge in die Kästchen.

Name: ______________________ Datum: __________

Schneide die Karten an der gestrichelten Linie aus.

Bearbeite die Aufgabe auf der nächsten Seite.

vom Kleinsten zum Größten

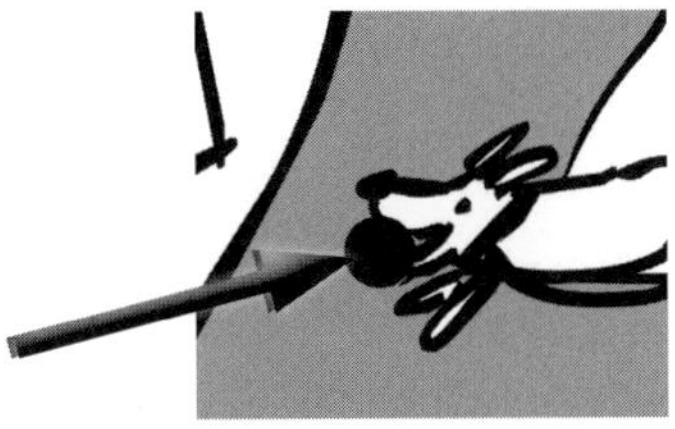

Name: ______________________ Datum: __________

Auf den Bildern siehst du Gegenstände, Menschen, Tiere, Gebäude und Fahrzeuge.

Ordne sie vom Kleinsten zum Größten.

Klebe sie der Reihenfolge nach auf.

3 Hinweise zum Themenbereich „Mengen und Zahlen“

Auf den folgenden Seiten finden Sie drei Rechengeschichten mit jeweils mehreren Arbeitsblättern in verschiedenen Schwierigkeitsgraden.

Geschichte 1 beschränkt sich auf den Zahlenraum bis 5. In einem ersten Schritt sollen zunächst entsprechende Ziffernkarten den jeweiligen Personen zugeordnet und aufgeklebt werden. Die „Eiskugeln“ können von den Schülern angemalt (eine Farbe pro Person) und abgezählt werden. Das folgende Arbeitsblatt knüpft daran an und fokussiert eine erste Unterscheidung von „mehr“ und „weniger“. Die Schüler sollen in einem ersten Schritt erneut die Kugeln abzählen und selbstständig als Ziffer eintragen. In einem zweiten Schritt sollen sie dann entscheiden, wer mehr und wer weniger Kugeln hat und ein entsprechendes Kreuz in der Tabelle setzen. Unterstützend finden sich auf den Arbeitsblättern entsprechende Symbole, die zuvor mit den Schülern besprochen werden können.

Geschichte 2 spielt im Zahlenraum bis 10. Auch hier sollen in einem ersten Schritt entsprechende Ziffernkarten ausgeschnitten und zugeordnet werden. Auf dem folgenden Arbeitsblatt sollen die Kugeln nun erneut abgezählt und die Ziffern selbstständig aufgeschrieben werden. Auf dem dritten Arbeitsblatt soll nun zwischen „mehr“, „gleich viel“ und „weniger“ unterschieden werden. Hierfür sollen die Schüler entsprechende Kreuze in der Tabelle setzen. Als Differenzierung kann man sich hierbei zunächst auch nur auf eine Kategorie beschränken. Unterstützend wird auch hier mit entsprechenden Symbolen gearbeitet.

In Geschichte 3 wird der Zahlenraum nun auf 20 erweitert. In einem ersten Schritt soll entschieden werden, wer mehr Kugeln hat. Hierfür wurden die entsprechenden Bildausschnitte abgebildet. Die Schüler sollen ein entsprechendes Kreuz darunter machen. Das Arbeitsblatt endet mit einer Sternchen-Aufgabe, bei welcher die Schüler unterscheiden müssen, wer insgesamt die meisten Kugeln Eis hat. Das folgende Arbeitsblatt knüpft an die Sternchen-Aufgabe an. Hier soll entschieden werden, wer die meisten und wer die wenigsten Kugeln Eis hat und ein entsprechendes Kreuz gesetzt werden.

Name: ______________________________ Datum: ______________

Schneide die Kärtchen auf der nächsten Seite aus.

Klebe die Zahlen zum passenden Bild.

Name: ______________________ Datum: ____________

 Spure die Zahlen nach.

Schneide die Kärtchen aus.

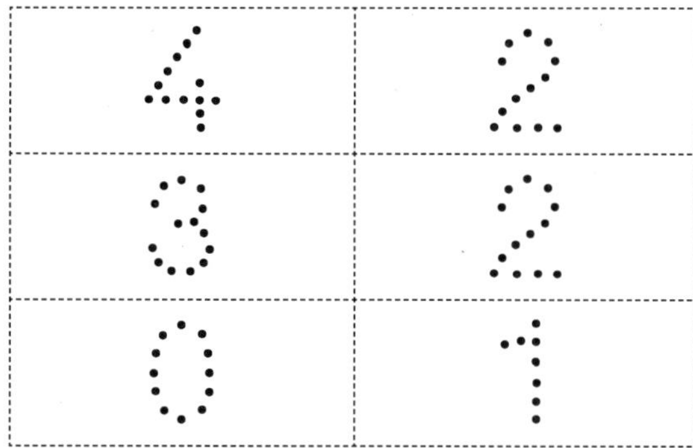

 Spure die Zahlen nach.

Schneide die Kärtchen aus.

Name: ______________________ Datum: ______________

Schaue dir die Bilder in der Bildergeschichte an.

 Zähle und schreibe auf.

mehr weniger

Der hat ______ Kugeln.

Das hat ______ Kugeln.

Der  und das haben ______ Kugeln.

Mehr oder weniger?

 Kreuze an.

Der hat ______ Kugeln.

Das  hat ______ Kugeln.

Der  und das  haben ______ Kugeln .

Mehr oder weniger?

 Kreuze an.

Name: ______________________ Datum: ______________

Der hat ______ Kugeln.

Das hat ______ Kugeln.

Der und das haben ______ Kugeln.

Mehr oder weniger?

Kreuze an.

Name: ______________________ Datum: ____________

 Schneide die Kärtchen auf der nächsten Seite aus.

 Klebe die Zahlen zum passenden Bild.

Name: ______________________ Datum: ____________

 Spure die Zahlen nach.

Schneide die Kärtchen aus.

10	8	5
7	6	3
3	3	0

 Spure die Zahlen nach.

Schneide die Kärtchen aus.

10	8	5
7	6	3
3	3	0

Name: ______________________ Datum: ______________

 Schaue dir die Bilder in der Bildergeschichte an.

 Zähle und schreibe auf.

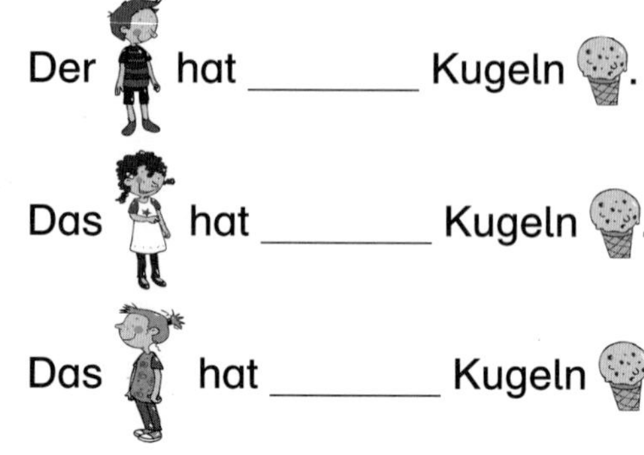

Der hat ______ Kugeln.

Das hat ______ Kugeln.

Das hat ______ Kugeln.

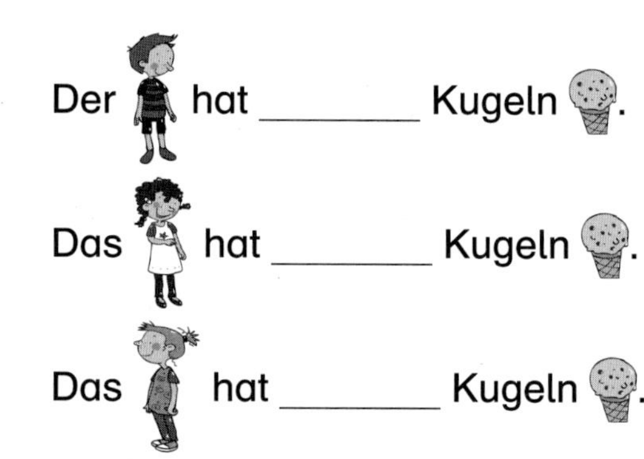

Der hat ______ Kugeln.

Das hat ______ Kugeln.

Das hat ______ Kugeln.

Der hat ______ Kugeln.

Das große hat ______ Kugeln.

Das kleine hat ______ Kugeln.

Sandra Sommer, Julia Eckert: Bildergeschichten für den Mathe-Anfangsunterricht

Name: ______________________ Datum: ____________

Mehr, weniger oder gleich viel?

 Überlege und kreuze an.

mehr

weniger

gleich viel

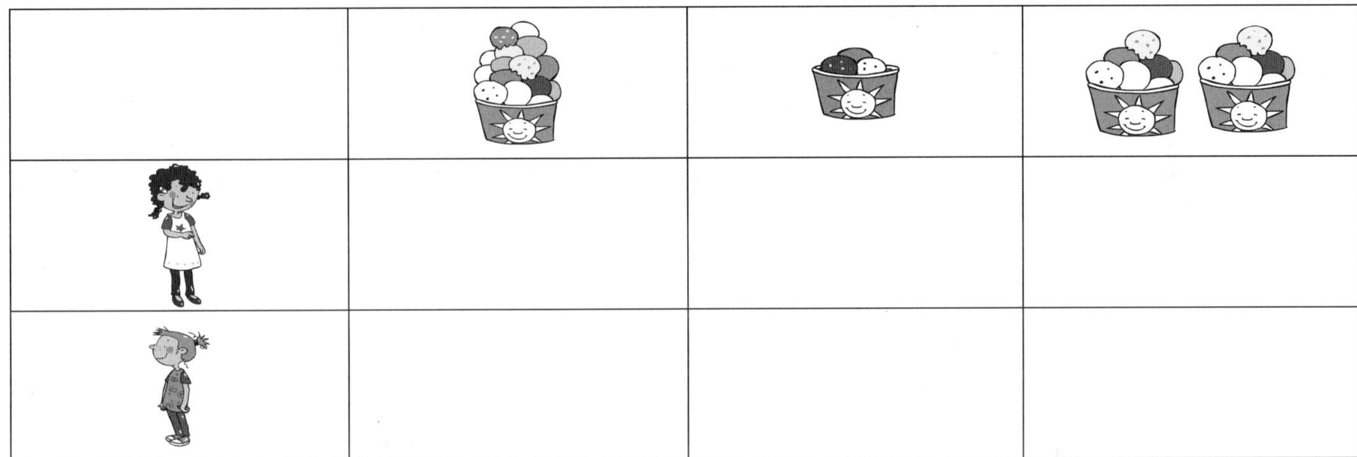

Name: ______________________ Datum: ____________

Erzähle die Geschichte.

Name: ______________________ Datum: ____________

Wer hat im letzten Bild mehr Kugeln?

 Kreuze an.

Name: ______________________ Datum: __________

Wer hat im letzten Bild die meisten Kugeln?

 Kreuze an.

☐ ☐ ☐

Name: ______________________ Datum: ____________

Schaue dir die Bilder in der Bildergeschichte an.

Wer hat die meisten  Kugeln Eis?

Wer hat die wenigsten Kugeln Eis?

 Zähle und kreuze an.

Name: ______________________ Datum: ______________

	(Vater)	(Mutter)	(Junge)	(Mädchen)
(Eisbecher voll)				
(Eisbecher)				

4 Hinweise zum Themenbereich „Addition“

Auf den folgenden Seiten finden Sie drei Rechengeschichten zum Thema „Addition“ mit Arbeitsaufträgen in verschiedenen Schwierigkeitsgraden.

Geschichte 1 beschränkt sich auf den Zahlenraum bis 5. In einem ersten Arbeitsauftrag sollen zunächst die entsprechenden Ziffern nachgespurt und anschließend dem jeweiligen Bild zugeordnet werden. Hierbei müssen bereits kleine Additionsaufgaben im Kopf gelöst werden. Alternativ kann die Anzahl der Blumen auch abgezählt werden. Auf dem folgenden Arbeitsblatt sollen nun die zu einem Bildausschnitt passenden Zahlen als Ziffern selbstständig in die Kästchen geschrieben werden. Die Ziffern können auch als Legeplättchen vorbereitet werden, sodass die Schüler diese zuordnen müssen. Das dritte Arbeitsblatt fokussiert schließlich das Lösen von Additionsaufgaben zu den jeweiligen Bildern der Geschichte. Die Schüler sollen die Blumen addieren und dann die entsprechende Lösungszahl anmalen. Unterstützend sind die entsprechenden Bilder abgedruckt, sodass die Schüler ihre Lösung durch Abzählen am Bild selbstständig überprüfen können.

Geschichte 2 spielt im Zahlenraum bis 10. Auch hier sollen in einem ersten Schritt Zahlen nachgespurt und in einem zweiten Schritt selbstständig geschrieben werden. Der dritte Arbeitsauftrag zielt schließlich auf das selbstständige Aufschreiben und Lösen von Additionsaufgaben ab. Unterstützend dienen hierbei die Symbole am Ende einer jeden Aufgabe (entsprechende Blumenanzahl), sodass die Schüler einen Anhaltspunkt haben. Zudem wird so das selbstständige Überprüfen der Aufgaben ermöglicht. Es bietet sich an, dass die Schüler hierbei mit einem Partner arbeiten, da nicht zwangsläufig die gleiche Reihenfolge der Ziffern eingehalten werden muss. So können Umkehraufgaben thematisiert und berechnet werden.

In der **Geschichte 3** wird der Zahlenraum nun auf 20 erweitert. In einem ersten und zweiten Schritt sollen erneut Zahlen nachgespurt, zugeordnet und selbstständig geschrieben werden. Auf dem dritten Arbeitsblatt sollen eigene Additionsaufgaben aufgeschrieben und gelöst werden. Dabei dienen einzelne Bildausschnitte als Anhaltspunkte. Zudem müssen hierbei ergänzend kleinere Additionsaufgaben im Kopf gelöst werden.

Name: ______________________ Datum: ____________

Erzähle die Geschichte.

Name: ______________________ Datum: ______________

Wie viele Blumen siehst du?

 Spure nach und verbinde.

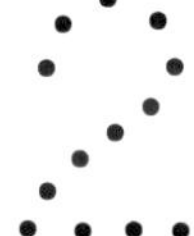

Name: ______________________ Datum: ____________

Wie viele Blumen siehst du?

 Schreibe auf.

Name: ______________________ Datum: ____________

Wie viele Blumen sind es?

 Male aus.

\+

=

\+

=

\+

=

Name: ______________________ Datum: ____________

Erzähle die Geschichte.

Name: ______________________ Datum: __________

Wie viele Blumen siehst du?

 Spure die Zahlen nach.

 Verbinde die Zahlen mit dem richtigen Bild.

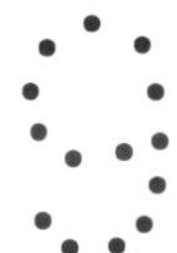

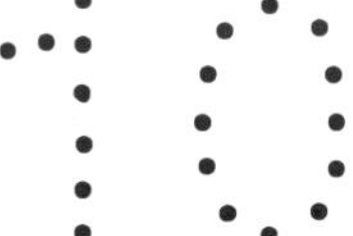

Name: ______________________ Datum: ____________

Wie viele Blumen sind es?

 Schreibe auf.

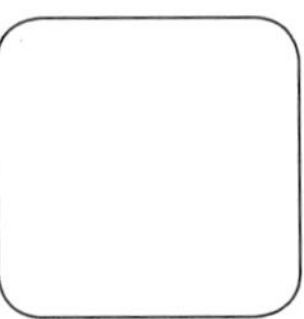

Sandra Sommer, Julia Eckert: Bildergeschichten für den Mathe-Anfangsunterricht

Name: ______________________ Datum: ____________

Setze passende Zahlen ein.

______ + ______ = 

______ + ______ = 

______ + ______ =

Name: ______________________ Datum: ______________

Erzähle die Geschichte.

Name: ______________________ Datum: ____________

Wie viele Blumen siehst du?

 Spure die Zahlen nach.

 Verbinde die Zahlen mit dem richtigen Bild.

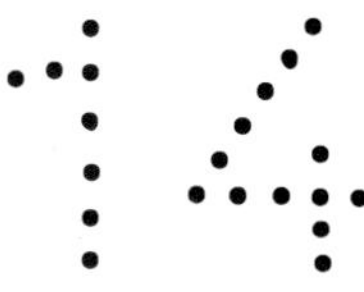

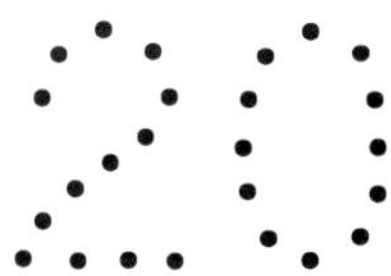

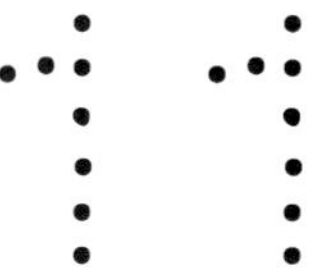

Name: ______________________ Datum: ______________

Wie viele Blumen sind es?

 Schreibe auf.

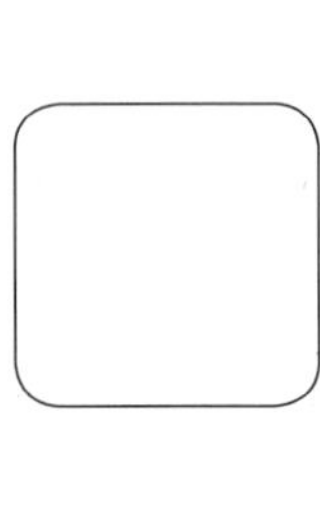

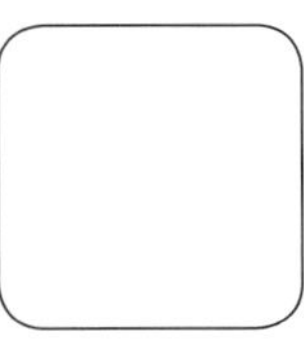

Name: ______________________ Datum: ______________

Wie viele Blumen sind es?

 Setze passende Zahlen in die Aufgaben ein.

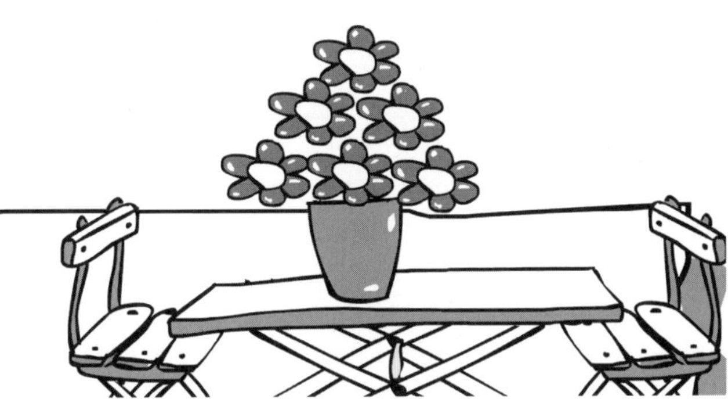

_______ + _______ = _______

_______ + _______ = _______

_______ + _______ = _______

5 Hinweise zum Themenbereich „Subtraktion“

Auf den folgenden Seiten finden Sie drei Rechengeschichten mit jeweils drei Arbeitsblättern in verschiedenen Schwierigkeitsgraden zum Bereich „Subtraktion“.

Geschichte 1 beschränkt sich auf den Zahlenraum bis 5. In einem ersten Arbeitsauftrag soll erkannt werden, wie viele Ballons übrig bleiben. Die entsprechenden Zahlen sollen zugeordnet und nachgespurt werden.

Auf dem folgenden Arbeitsblatt sollen nun die zu einem Bildausschnitt passenden Zahlen als Ziffern selbstständig in die Kästchen geschrieben werden. Zusätzlich kann Legematerial bereit gestellt werden, um die Aufgabe nachlegen zu können.

Im dritten Arbeitsauftrag sollen Subtraktionsaufgaben gelöst und die entsprechende Anzahl Ballons als Lösung angemalt werden. Die entsprechende Aufgabe mit Zahlen soll zudem darunter geschrieben werden.

In **Geschichte 2** wird der Zahlenraum auf 10 erweitert. Die Jahrmarktsituation bleibt gleich. In einem ersten Schritt sollen auch hier die Situationen erkannt und passenden Zahlen zugeordnet werden. Diese sollen zudem nachgespurt werden. Auch die beiden folgenden Arbeitsblätter sind am Aufbau der Arbeitsblätter des Zahlenraums bis 5 orientiert und sind den Schülern somit bekannt.

Geschichte 3 bezieht sich schließlich auf den Zahlenraum bis 20. Das erste Arbeitsblatt ist den Schülern bereits vertraut, Zahlen sollen zugeordnet und nachgespurt werden. In einem weiteren Schritt folgen nun Subtraktionsaufgaben, die zunächst bildlich verdeutlicht werden sollen. Die entsprechende Anzahl der zu subtrahierenden Luftballons soll durchgestrichen werden. Anschließend soll die entsprechende Subtraktionsaufgabe eingetragen werden.

Name: ______________________ Datum: ______________

Erzähle die Geschichte.

Name: ______________________ Datum: __________

Wie viele Ballons bleiben übrig?

 Spure die Zahlen nach.

 Verbinde die Zahlen mit dem richtigen Bild.

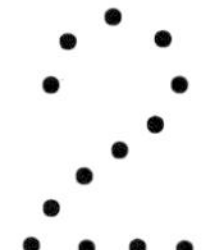

Name: ______________________ Datum: ______________

Wie viele Ballons bleiben übrig?

 Schreibe auf.

Name: ______________________ Datum: ______________

Wie viele Ballons sind es?

 Male aus.

 Schreibe die Zahlen in die Aufgabe.

– 0 =

_______ – _______ = _______

– =

_______ – _______ = _______

– =

_______ – _______ = _______

– =

_______ – _______ = _______

Name: ______________________ Datum: ____________

Erzähle die Geschichte.

Name: ________________ Datum: ________

Wie viele Ballons bleiben übrig?

 Spure die Zahlen nach.

 Verbinde die Zahlen mit dem richtigen Bild.

5

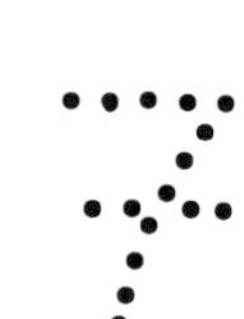

10

Name: ______________________ Datum: __________

Wie viele Ballons bleiben übrig?

 Schreibe auf.

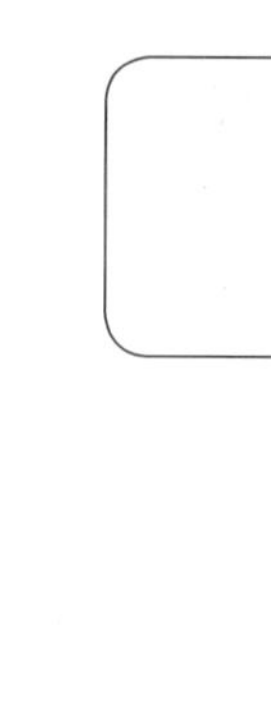

Name: ______________________ Datum: __________

Wie viele Ballons bleiben übrig?

 Verbinde jede Aufgabe mit dem richtigen Bild.

 Setze passende Zahlen ein.

_____ – _____ =

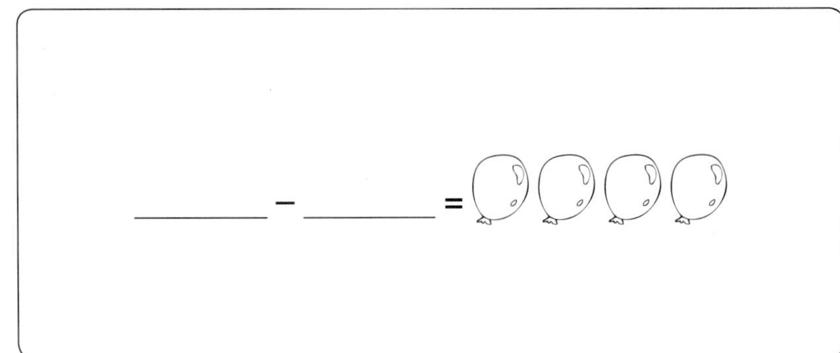

_____ – _____ =

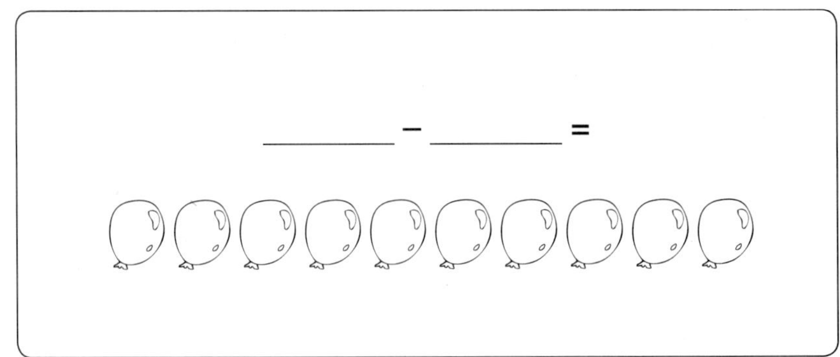

_____ – _____ =

_____ – _____ =

Name: ______________________ Datum: ____________

Erzähle die Geschichte.

Name: ______________________________ Datum: ______________

Wie viele Ballons bleiben übrig?

 Spure die Zahlen nach.

 Verbinde die Zahlen mit dem richtigen Bild.

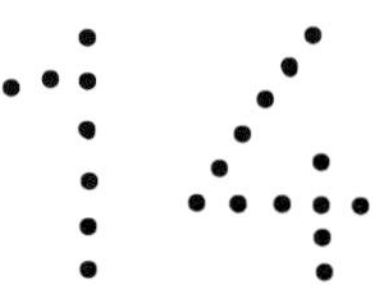

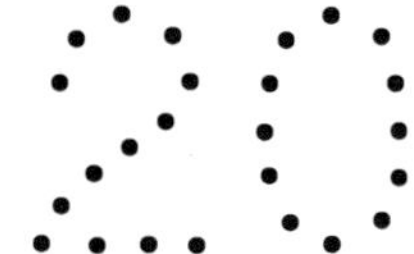

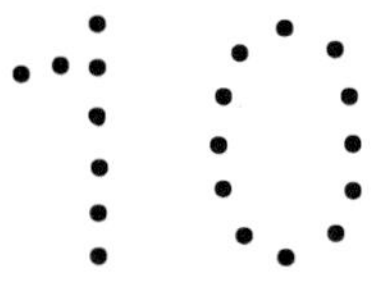

Name: ____________________ Datum: ____________

Wie viele Ballons sind es im ersten Bild?

 Male die Anzahl der Ballons in der Ballonreihe aus.

Streiche die Ballons durch, die im zweiten Bild abgezogen werden.

 Setze passende Zahlen in die Aufgabe ein.

_______ – _______ = _______

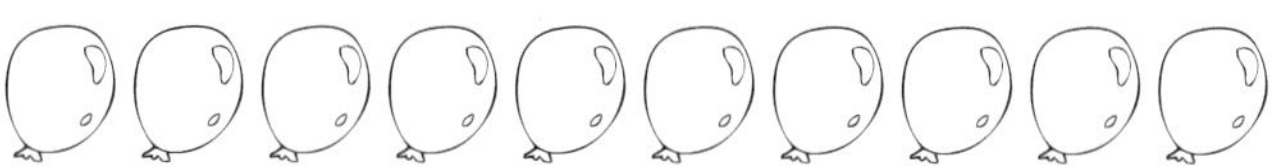

_______ – _______ = _______

Name: ______________________________ Datum: ______________

_______ – _______ = _______

6 Hinweise zum Themenbereich „Geometrische Grundformen“:

Auf den folgenden Seiten finden Sie drei Rechengeschichten mit jeweils drei Arbeitsblättern in verschiedenen Schwierigkeitsgraden.

In **Geschichte 1** werden die Grundformen Dreieck, Viereck und Kreis thematisiert. Anhand der Geschichte soll die Aufmerksamkeit der Schüler auf ihre Umwelt gelenkt werden. Hier findet sich in ihrem Alltag eine Vielzahl geometrischer Formen.

Wichtig ist es, die Formen nach Kriterien zu sortieren und zu vergleichen. Hierbei können die Kriterien durch die Schüler gefunden werden, müssen aber gegebenenfalls auch vorgegeben werden (Ecken, Kanten, Seitenflächen).

In **Geschichte 2** werden die nun bekannten Formen zu Figuren gelegt. Zunächst wird die Unterscheidung der Formen gefestigt. Schließlich sollen die Formen ausgeschnitten und möglichst genau nachgelegt werden. Es bietet sich an, die Figuren, wie auch in der Rechengeschichte, in Partnerarbeit legen zu lassen. Weiterführend können auch hier eigene Figuren ausgedacht und gelegt werden. In der Partnerarbeit kann der Partner dann versuchen, die Figur nachzulegen. Als differenzierte Aufgabenstellung bietet es sich an, Figurenumrisse vorzulegen, die dann mit den Formen nachgelegt werden müssen.

Geschichte 3 behandelt das Thema „Muster“. Hierbei soll zunächst erkannt werden, dass Formen in sich wiederholender Art und Weise angeordnet sind und somit ein Muster ergeben. Muster im Bild sollen erkannt werden. In einem zweiten Schritt sollen die Muster dann fortgeführt und anschließend eigenständig gezeichnet werden. Auch hier können weiterführend in der Umwelt Muster gesucht, nachgezeichnet oder auch eigene Muster erstellt werden. Es können Formen ausgeschnitten werden, die gemeinsam am Overhead-Projektor zu Mustern gelegt und nachgezeichnet werden können.

Name: _______________________ Datum: _______________

Erzähle die Geschichte.

Name: ______________________ Datum: ____________

Schaue dir die Bilder in der Bildergeschichte an.
Wie viele Formen sind es?

Zähle.

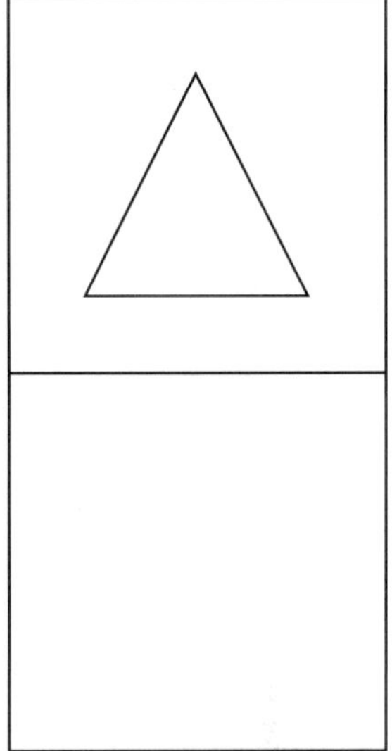

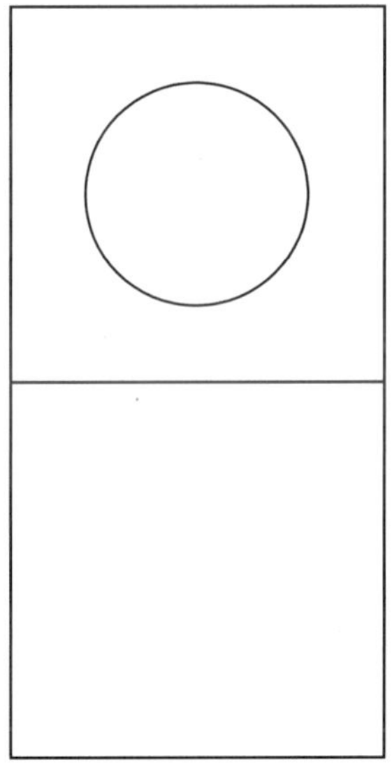

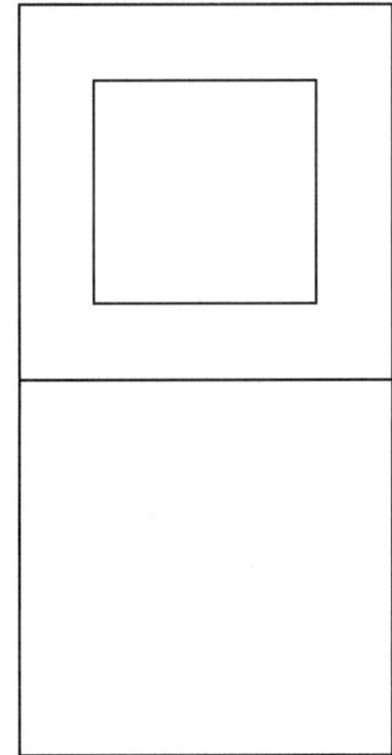

Name: ______________________ Datum: ____________

Wie viele Formen sind es?

 Schaue dir die Bilder in der Bildergeschichte an.

 Zähle.

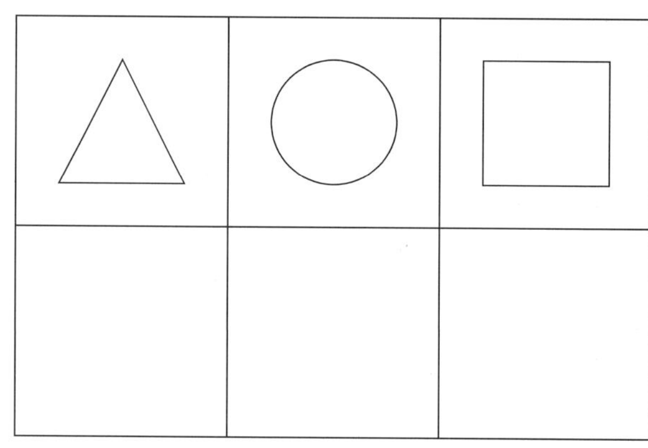

Name: ______________________ Datum: __________

Erzähle die Geschichte.

Name: ______________________ Datum: ______________

Male die Formen im Bild richtig an.

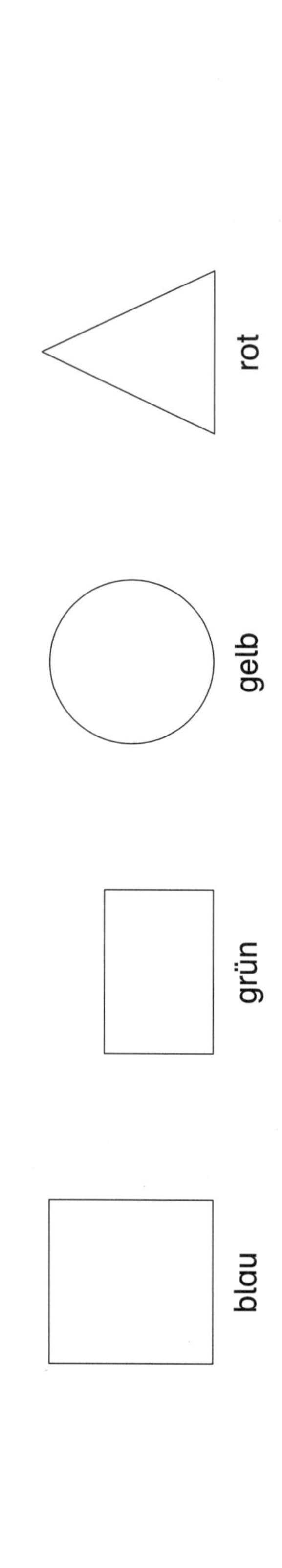

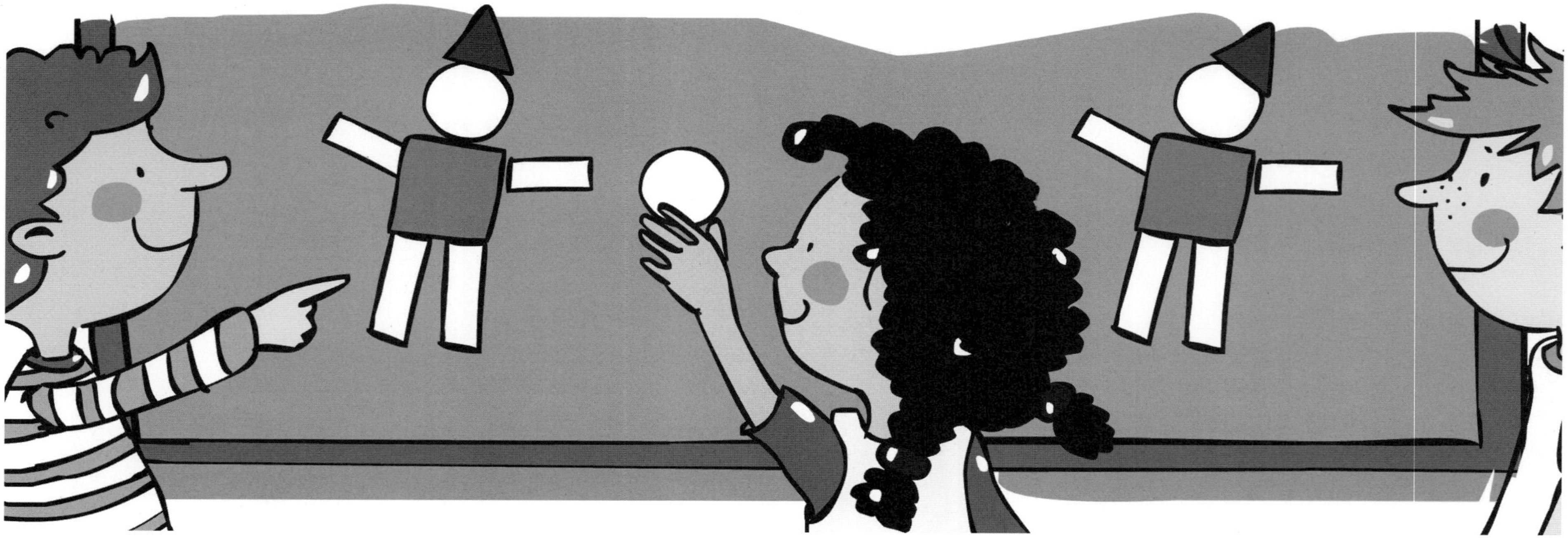

Name: ______________________ Datum: ____________

Wie viele Formen sind es?

 Zähle.

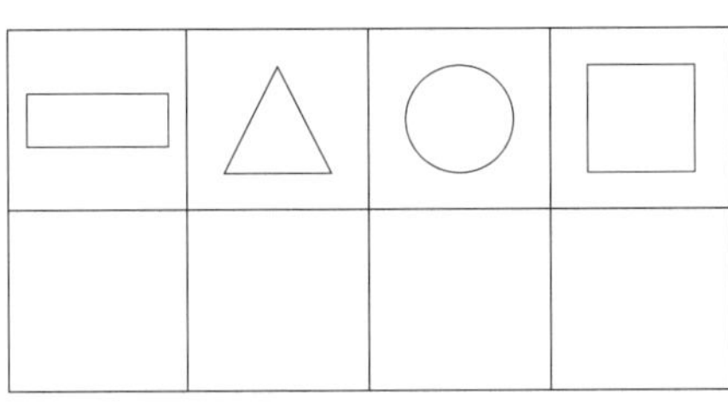

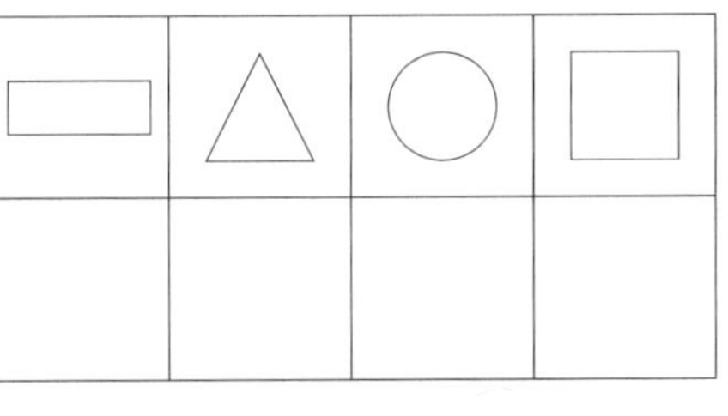

Name: ______________________ Datum: __________

Schneide die Formen aus.

Lege die Figuren aus Bild 3 nach.

Name: ________________________ Datum: ____________

Erzähle die Geschichte.

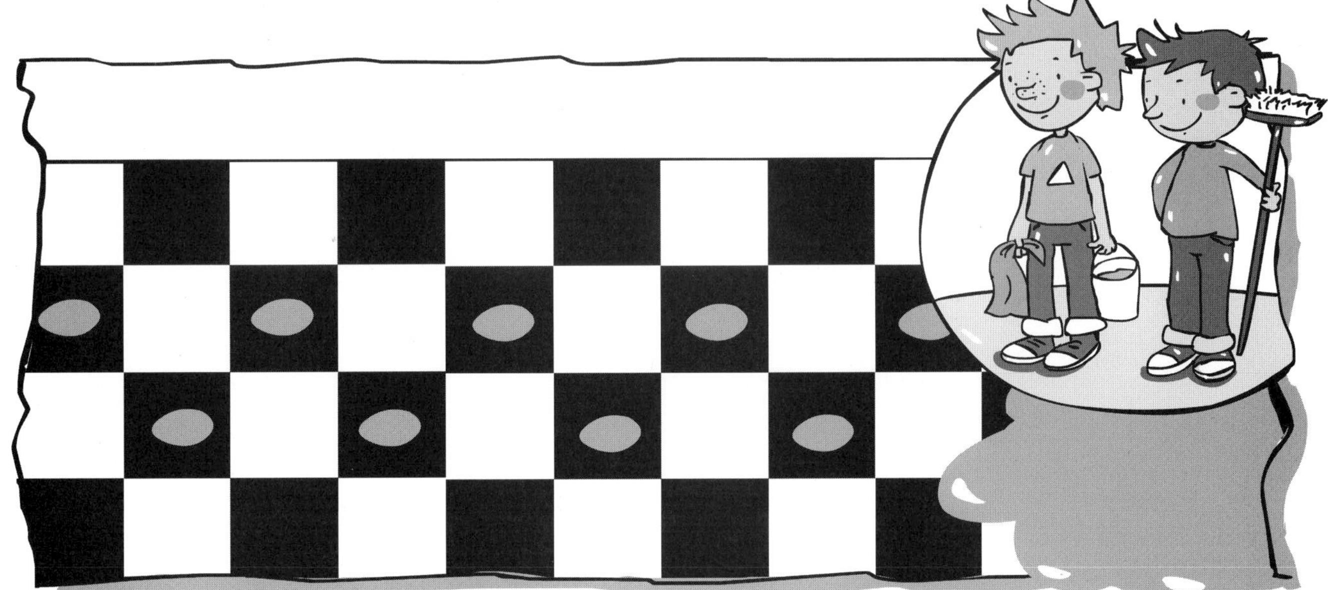

Name: ______________________ Datum: ____________

Welche Muster findest du in den Bildern?

 Verbinde.

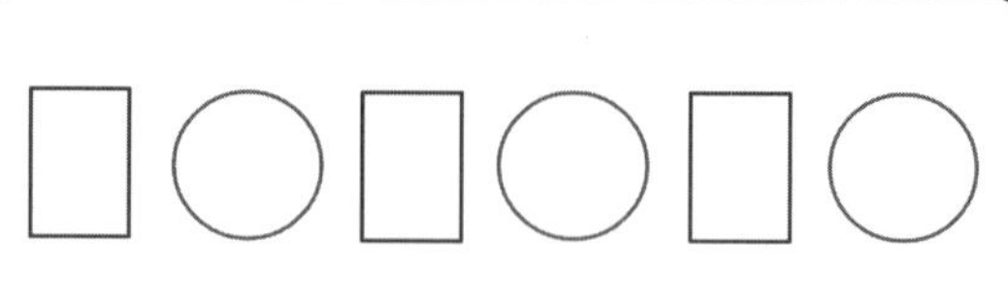

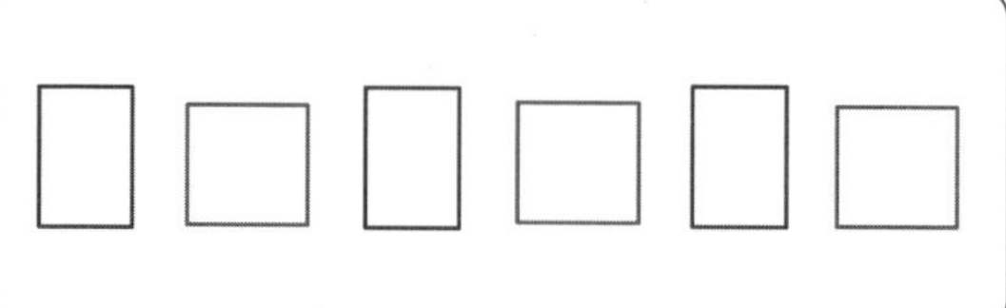

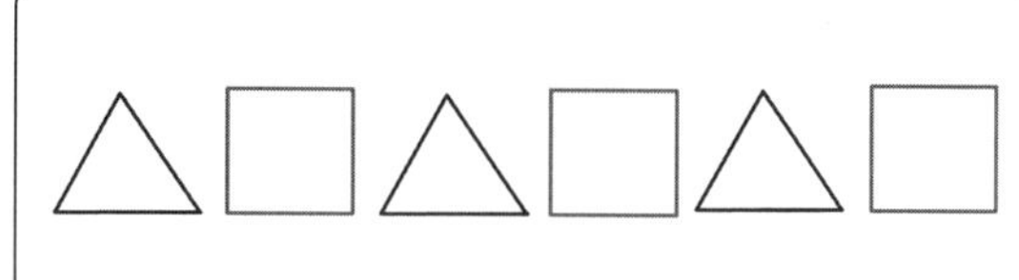

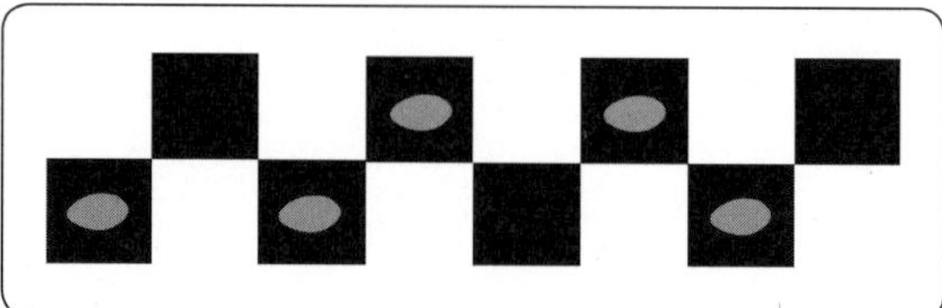

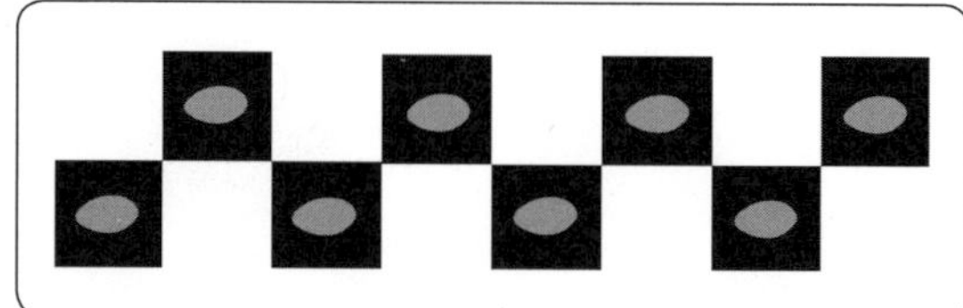

Name: ______________________ Datum: ____________

Zeichne die Muster weiter.

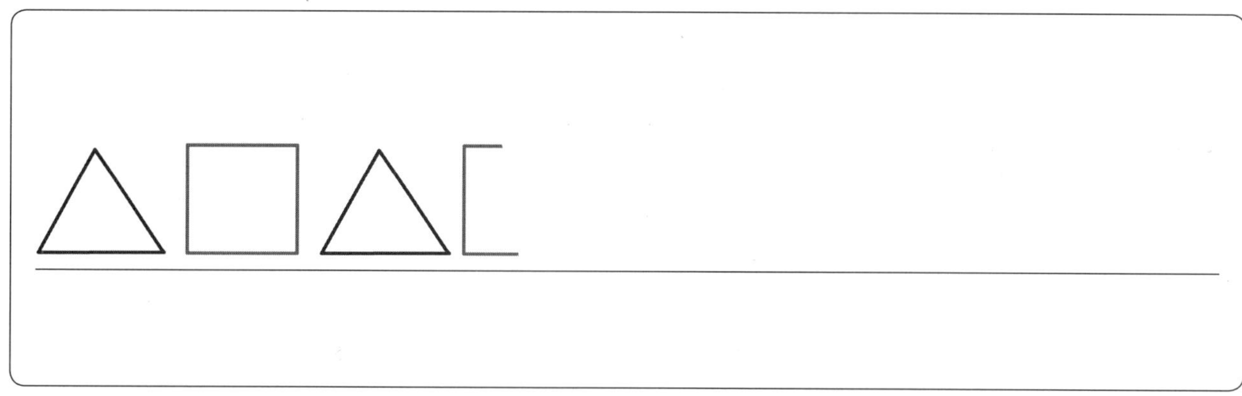

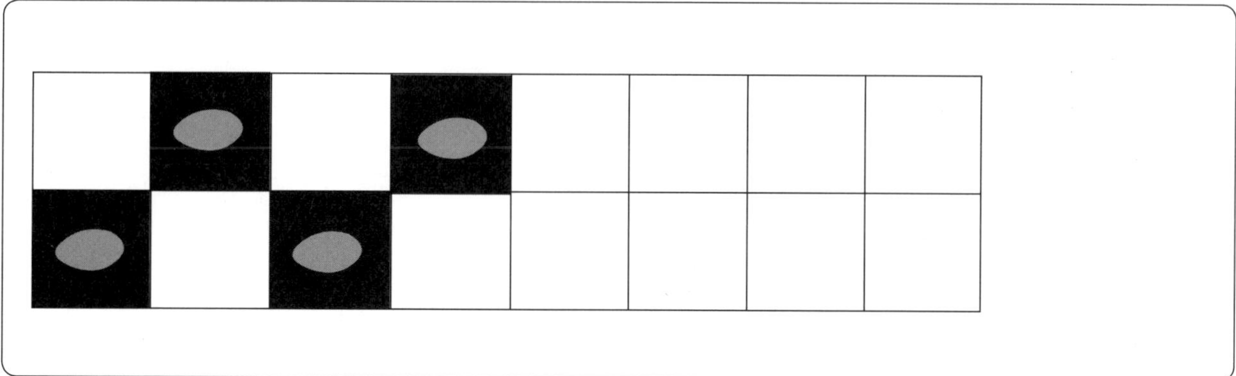

Name: ______________________ Datum: ____________

Zeichne die fehlenden Muster.

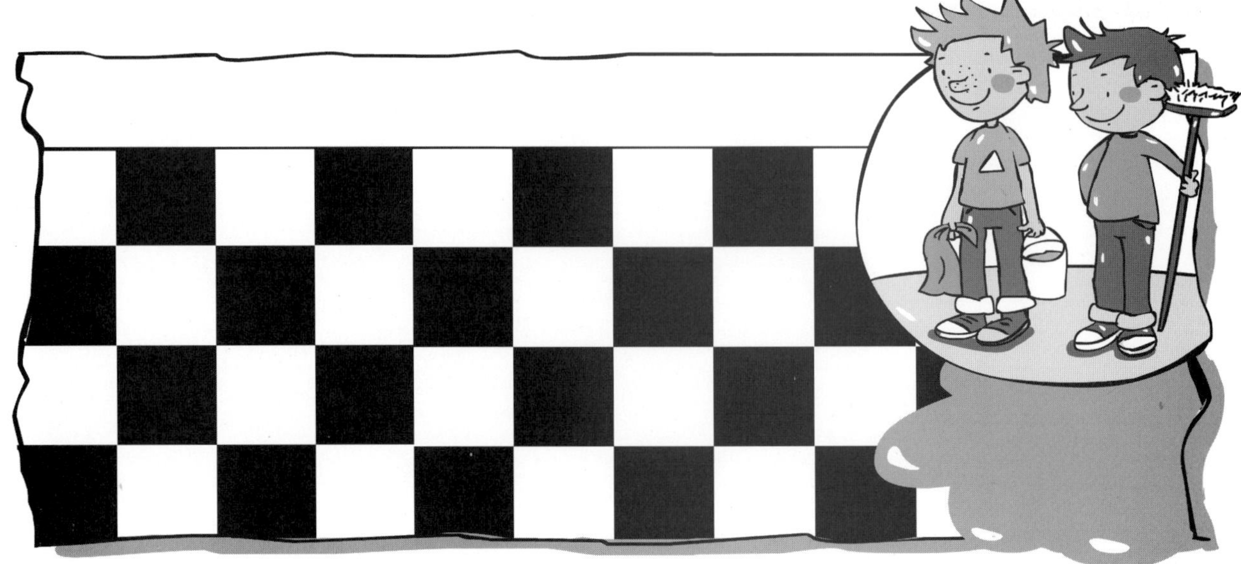

7 Hinweise zum Themenbereich „Rechnen mit Geld"

Auf den folgenden Seiten finden Sie drei Rechengeschichten mit jeweils drei Arbeitsblättern in verschiedenen Schwierigkeitsgraden.

Geschichte 1 spielt im Zahlenraum bis 5. In einem ersten Arbeitsauftrag sollen zunächst die Euroscheine und Münzen einem Wert zugeordnet werden. Die entsprechenden Ziffern sollen nachgespurt und mit dem Bild verbunden werden.

Auf dem folgenden Arbeitsblatt sollen nun die zu einem Bildausschnitt passenden Zahlen als Ziffern in die Kästchen geschrieben werden.

Das dritte Arbeitsblatt zeigt, dass ein Geldwert durch verschiedene Scheine und Münzen gebildet werden kann. Hierzu müssen die abgebildeten Münzen und Scheine erkannt und deren Wert addiert werden. Es kann hilfreich sein, entsprechendes Spielgeld bereit zu legen, damit die Schüler durch Legen und Verschieben besser zusammenzählen können.

Geschichte 2 spielt im Zahlenraum bis 10. Auch hier sollen in einem ersten Schritt Zahlen nachgespurt und einem Bildausschnitt zugeordnet werden. Einfache Additionsaufgaben müssen für die richtige Zuordnung im Kopf gelöst werden.

Auf dem zweiten Arbeitsblatt sind zwei Bildausschnitte abgebildet. Auch hier soll eine Zuordnung erfolgen. Dabei ist es von Vorteil, wenn die Aufgaben mit einem Partner bearbeitet werden können. Dies fördert den Austausch über Lösungswege, denn eine Zuordnung ist hier nicht immer gleich erkennbar. Auch hier müssen Aufgaben gefunden oder kleine Rechnungen bewältigt werden.

Auf dem letzten Arbeitsblatt sollen schließlich Aufgaben aufgeschrieben und gelöst werden. Die einzelnen Werte müssen hierbei aufgeschrieben werden (also für 2 Futterbeutel nicht 2 € schreiben, sondern 1 € + 1 €).

Geschichte 3 setzt die Situation fort, indem eine weitere Familie an der Zookasse steht und Eintritt zahlt. Der Zahlenraum wird nun auf 20 erweitert. Es müssen Aufgaben den Bildern zugeordnet werden und Geldbeträge gelegt werden. Es bietet sich an, die Ergebnisse zu vergleichen, damit den Schülern klar wird, dass die Beträge auf verschiedene Arten gelegt werden können. Dies kann durch das dritte Arbeitsblatt gefestigt werden.

Weiterführend können die Schüler selbst Rollenspiele an der Kasse durchführen, indem sie verschiedene Gruppen / Familien bilden, die Eintritt zahlen und Futter kaufen möchten. Auch andere Situationen aus dem Alltag sollen gefunden werden, die nachgespielt werden können (Eintritt ins Schwimmbad, Kino, ...).

Name: ______________________ Datum: ______________

Erzähle die Geschichte.

Name: ______________________ Datum: ____________

Wie viel Euro sind es?

 Spure die Zahlen nach.

 Verbinde die Zahlen mit dem richtigen Bild.

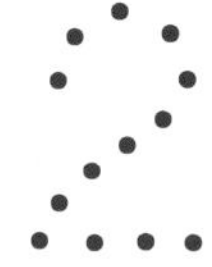

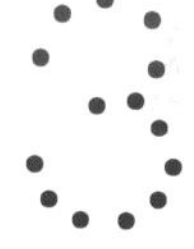

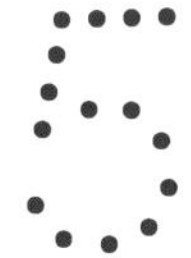

Name: ______________________ Datum: ______________

Wie viel Euro sind es?

 Schreibe auf.

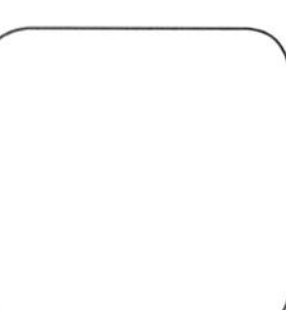

Name: ______________________ Datum: ______________

Welcher Geldbetrag passt zum Bild?

 Verbinde.

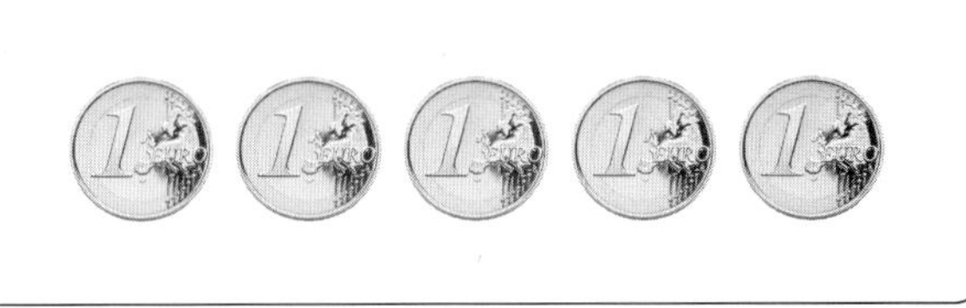

Name: ______________________ Datum: ______________

Erzähle die Geschichte.

Name: ______________________ Datum: ______________

Wie viel Euro sind es?

 Spure die Zahlen nach.

 Verbinde.

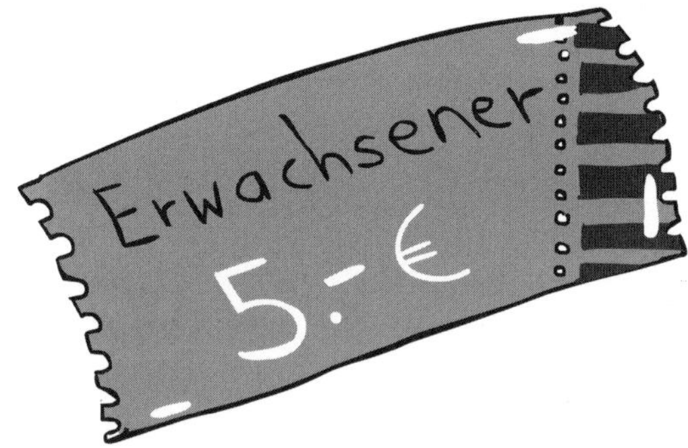

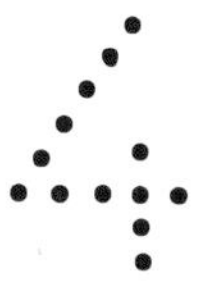

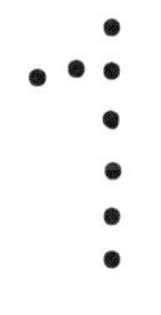

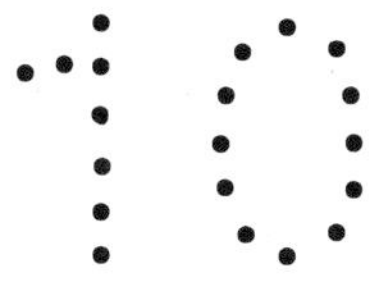

Name: ______________________ Datum: ______________

Welcher Geldbetrag passt zum Bild?

 Verbinde.

9 Euro

10 Euro – 9 Euro = 1 Euro

Wie viele Futterbeutel kann die Mutter noch kaufen?

 Male die Anzahl in den Kasten.

Name: ______________________ Datum: __________

Wie viel Euro kostet es?

 Schreibe auf.

_______ € + _______ € + _______ € = ☐

_______ € + _______ € = ☐

_______ € + _______ € + _______ € + _______ € + _______ € = ☐

Name: ______________________ Datum: ____________

Erzähle die Geschichte.

Name: ______________________________ Datum: ______________

Wie viel Euro kostet es?

 Schreibe auf.

_____ € + _____ € + _____ € + _____ € = ☐

_____ € + _____ € + _____ € = ☐

_____ € + _____ € + _____ € + _____ € + _____ € + _____ € = ☐

Name: ____________________ Datum: __________

Was kostet es?

Schneide das Geld aus.

Lege die richtigen Beträge.

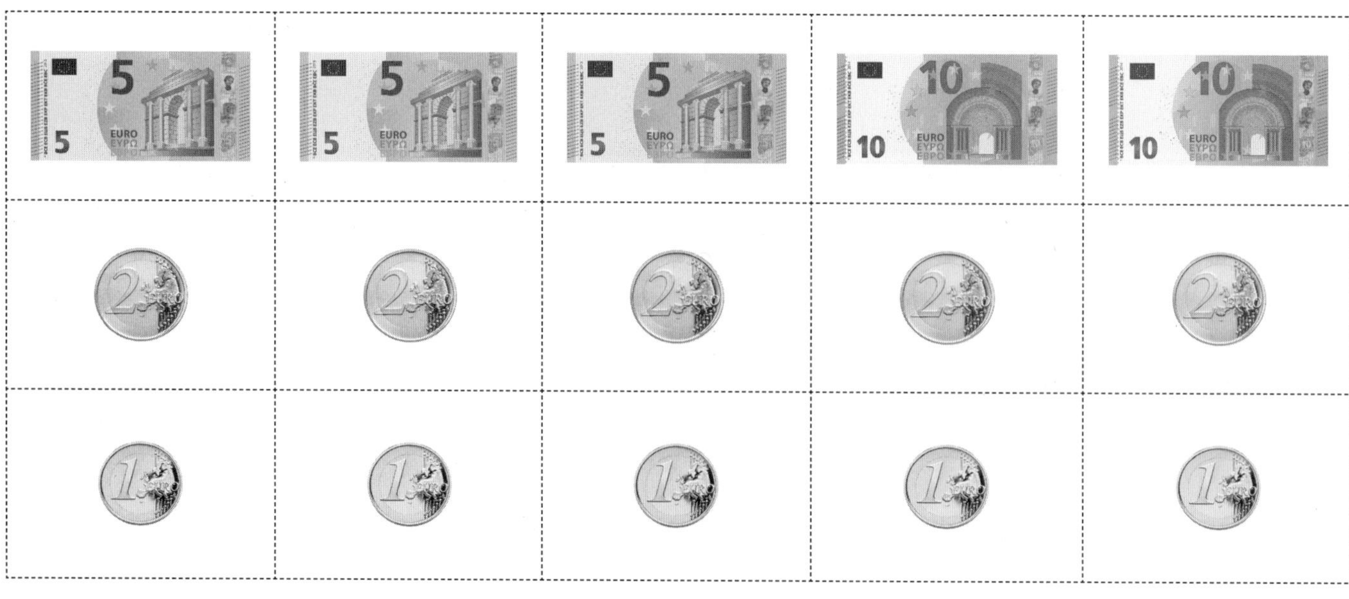

Name: ______________________ Datum: ______________

Schaue dir die Bilder in der Bildergeschichte an.

Was passt zum Bild?

Verbinde.

20 € – 16 €

5 € + 2 € + 3 €

16 €

4 €

5 € + 5 € + 2 € + 2 € + 1 € + 1 €

Bildnachweise

S. 70, 73, 77, 78:

Euromünzen © janvier – Fotolia.com

5 Euroschein © ProMotion – Fotolia.com

10 Euroschein © Promotion – Fotolia.com